上海市工程建设规范

全装修住宅室内装修设计标准

Design standard of fully-fit-out residential buildings

DG/TJ 08—2178—2021

J 13187—2021

主编单位：上海市工程建设质量管理协会
上海天华建筑设计有限公司
批准部门：上海市住房和城乡建设管理委员会
施行日期：2021 年 9 月 1 日

同济大学出版社

2021　上海

图书在版编目(CIP)数据

全装修住宅室内装修设计标准 / 上海市工程建设质量管理协会，上海天华建筑设计有限公司主编. —上海：同济大学出版社，2021.9

ISBN 978-7-5608-9857-5

Ⅰ. ①全… Ⅱ. ①上… ②上… Ⅲ. ①住宅—室内装饰设计—设计标准—上海 Ⅳ. ①TU241.65

中国版本图书馆 CIP 数据核字(2021)第 152281 号

全装修住宅室内装修设计标准

上海市工程建设质量管理协会
上海天华建筑设计有限公司 **主编**

策划编辑　张平官
责任编辑　朱　勇
责任校对　徐春莲
封面设计　陈益平

出版发行　同济大学出版社　　www.tongjipress.com.cn
（地址：上海市四平路 1239 号　邮编：200092　电话：021－65985622）
经　　销　全国各地新华书店
印　　刷　浦江求真印务有限公司
开　　本　889mm×1194mm　1/32
印　　张　1.875
字　　数　50 000
版　　次　2021 年 9 月第 1 版　　2021 年 9 月第 1 次印刷
书　　号　ISBN 978-7-5608-9857-5
定　　价　20.00 元

本书若有印装质量问题，请向本社发行部调换　　版权所有　侵权必究

上海市住房和城乡建设管理委员会文件

沪建标定〔2021〕229号

上海市住房和城乡建设管理委员会
关于批准《全装修住宅室内装修设计标准》
为上海市工程建设规范的通知

各有关单位：

由上海市工程建设质量管理协会、上海天华建筑设计有限公司主编的《全装修住宅室内装修设计标准》，经我委审核，现批准为上海市工程建设规范，统一编号为DG/TJ 08—2178—2021，自2021年9月1日起实施。原《全装修住宅室内装修设计标准》DG/TJ 08—2178—2015同时废止。

本规范由上海市住房和城乡建设管理委员会负责管理，上海市工程建设质量管理协会负责解释。

特此通知。

上海市住房和城乡建设管理委员会

二〇二一年四月九日

前　言

根据上海市住房和城乡建设管理委员会《关于印发〈2018 年上海市工程建设规范、建筑标准设计编制计划〉的通知》（沪建标定〔2017〕898 号）要求，由上海市工程建设质量管理协会和上海天华建筑设计有限公司会同有关单位对《全装修住宅室内装修设计标准》DG/TJ 08—2178—2015 进行修订。

本标准的主要内容有：总则；术语；基本规定；室内装修；设备；室内环境；防火。

本次修订的主要内容有：增加了装配式室内装修技术的应用要求和安全、适老方面的设计规定，完善和提升了室内装修设计关于舒适性和健康环保方面的要求，并对标现行国家、地方设计规范和标准，更新、补充了相关条文。

各单位及相关人员在执行本标准过程中，如有意见和建议，请反馈至上海市住房和城乡建设管理委员会（地址：上海市大沽路 100 号；邮编：200003；E-mail：shjsbzgl@163.com），上海市工程建设质量管理协会（地址：上海市曹杨路 535 号汇融大厦 1805 室；邮编：200063；E-mail：SCQAJSFW@163.com），上海市建筑建材业市场管理总站（地址：上海市小木桥路 683 号；邮编：200032；E-mail：shgcbz@163.com），以供今后修订时参考。

主 编 单 位：上海市工程建设质量管理协会
上海天华建筑设计有限公司

参 加 单 位：上海城投置地（集团）有限公司
融信（福建）投资集团有限公司
上海三湘（集团）股份有限公司
上海城建博远置业有限公司

正荣御天（上海）置业发展有限公司
阳光城集团股份有限公司
龙信（上海）装饰工程有限公司
上海全筑建筑装饰集团股份有限公司
上海统帅建筑装潢有限公司

主要起草人：刘　军　丁　纯　邓小丽　许洪江　杨　军
陈　慧　王榕梅　陈　涛　沈　昱　贾万万
王伟忠　马　雁　薛少伟　刘学科　彭　冲
王魁星　张传生　徐　健　张兆强　陈雪涌
顾兆春　张　洁　綦晓虹　杨　海　廖　静

主要审查人：张继红　马新华　刘　啸　陈众励　邱　蓉
沈列丞　朱　鸣

上海市建筑建材业市场管理总站

目 次

Contents

1 总 则

1.0.1 为推进本市全装修住宅产业的发展，满足广大居民对居住安全、质量、功能、环境和设施等方面的需求，明确本市全装修住宅室内装修设计的基本要求，提升本市全装修住宅的建设水平，保证本市全装修住宅产品的质量，制定本标准。

1.0.2 本标准适用于本市新建的全装修住宅室内装修设计。改建、扩建和更新改造的全装修住宅室内装修设计在技术条件相同时也可适用。

1.0.3 住宅室内装修设计应遵循“安全、适用、经济、绿色、健康、可持续”的原则。

1.0.4 住宅室内装修设计应与建筑设计相互衔接，整体设计，使室内空间功能、界面处理、管线布局更为协调合理。

1.0.5 住宅室内装修设计应符合住宅产业化发展要求，推进工业化生产、装配化施工的建设方式，积极推广先进成熟、经济适用、安全健康的集成技术，提高住宅的可改造性和耐久性。

1.0.6 住宅室内装修设计应以人为本，满足适老等多样化的居住使用需求。

1.0.7 住宅室内装修设计除应执行本标准外，尚应符合国家、行业和本市现行有关标准的规定。

2 术 语

2.0.1 全装修住宅 fully-fit-out residential building

套内和公共部位的固定面、固定家具、设备管线及开关插座等全部装修并安装完成，厨房和卫生间的固定设施安装到位的住宅。

2.0.2 室内装修 interior decoration

为满足美观及功能需求，以建筑物主体结构为基础，对建筑内部空间所进行的修饰、保护及固定设施安装等活动。

2.0.3 装配式内装 assembled infill

采用干式工法，将工厂生产的标准化内装部品在现场进行组合安装的工业化装修建造方式。

2.0.4 玄关 foyer

供居住者在住宅套内入口处停留、过渡的空间。

2.0.5 餐厅 dining room

供居住者用餐的空间。

2.0.6 吊顶 suspended ceiling

悬吊在楼板下的装修面。

2.0.7 固定家具 built-in furniture

与建筑结构固定在一起或不易改变位置的家具。

2.0.8 固定面 fixed surface

建筑内部主体结构的楼(地)面、墙面和顶面。

2.0.9 同层排水 same-floor drainage

器具排水管不穿越结构楼板进入下层空间，排水横支管与卫生器具布置在同层并接入排水立管的排水方式。根据管道敷设形式，同层排水分为沿墙敷设和地面敷设两种方式。

2.0.10 内装部品 infill components

由工厂生产的，构成内装系统的建筑单一产品或复合产品组装而成的功能单元的统称。

2.0.11 管线分离 pipe and wire detached from skeleton

以建筑支撑体与填充体分离的 SI 技术为基础，将设备和管线设置在结构系统之外的方式。

2.0.12 集成式厨房 integrated kitchen

由工厂生产的楼地面、吊顶、墙面、橱柜和厨房设备及管线等集成并主要采用干式工法装配而成的厨房。

2.0.13 集成式卫生间 integrated Bathroom

由工厂生产的楼地面、墙面（板）、吊顶和洁具设备及管线等集成并主要采用干式工法装配而成的卫生间。

3　基本规定

3.0.1　住宅室内装修设计应包含住宅套内和公共部位。

3.0.2　住宅室内装修应完成固定面装修和固定设施的安装。

3.0.3　住宅室内装修设计不应降低建筑设计有关消防、通风、采光、隔声、安全、节能、环保及建筑装配率等方面的要求，禁止修改建筑主体和承重结构的设计和违反结构主体设计要求。

3.0.4　住宅室内装修设计应与建筑设计同步进行，基本墙体、机电管线及设备、设施等应保持一致。

3.0.5　住宅室内装修的无障碍设计应符合现行国家标准《无障碍设计规范》GB 50763 的相关要求。

3.0.6　住宅室内装修设计应选用符合产业发展方向的新技术、新工艺和新材料，严禁采用国家及本市明令禁止使用和淘汰的材料及设备。

3.0.7　住宅室内装修应进行标准化、模数化、通用化设计，宜采用标准化部品部件。

4 室内装修

4.1 一般规定

4.1.1 住宅室内装修设计完成后，其套型基本空间、使用面积、尺寸、功能要求以及安全措施等均应符合现行上海市工程建设规范《住宅设计标准》DGJ 08—20 中的相关要求。

4.1.2 住宅套内除燃气管道外，其他管线均应暗敷。

4.1.3 住宅套内应设洗衣机位置，其位置应配有给排水设施，且墙面、楼（地）面应设防水措施。

4.1.4 住宅卧室、起居室和餐厅应安装窗帘盒、窗帘杆等或预留安装条件。

4.1.5 在内保温材料的墙体上需悬挂或固定物品时，应在其基层墙体上设有锚固措施。

4.1.6 住宅室内装修宜采用管线分离的内装技术。

4.1.7 住宅室内装修宜采用非砌筑隔墙、干法施工的楼（地）面、吊顶以及墙面干法饰面等装配式内装技术。

4.1.8 采用非砌筑隔墙及墙面干法饰面技术时，如饰面墙体不能满足悬挂或固定物品的强度要求，应在墙体有需要的部位设置或预留悬挂重物的设施或措施。

4.1.9 无障碍住房的套内装修设计应符合现行国家标准《无障碍设计规范》GB 50763 中无障碍住房的相关要求。

4.2 套　内

4.2.1 套内装修设计应满足各功能空间的基本使用要求,并根据空间尺度和居住人数合理布置家具,配置设备和设施。

4.2.2 套内入口处楼(地)面标高,宜比户门外公共部位楼(地)面高 5 mm~10 mm。

4.2.3 卧室室内装修设计应符合下列要求:

1 卧室应具备睡眠、休息等功能。

2 卧室设计应布置床(双人床或单人床)、床头柜、衣柜等基本家具或满足其功能要求;桌、椅等家具可根据功能需求合理布置。

4.2.4 起居室、餐厅室内装修设计应符合下列要求:

1 起居室应具备会客、娱乐、休息等功能。

2 起居室设计应布置座椅、茶几等基本家具。

3 餐厅应具备家庭成员用餐的功能。

4 餐厅设计应布置餐桌、餐椅等基本家具。

4.2.5 厨房室内装修设计应符合下列要求:

1 应具备炊事活动的功能。

2 使用燃气的厨房应为独立可封闭空间。

3 应据操作顺序合理布置储藏、洗切、烹调等设施。

4 灶具不应正对窗户设置。

5 厨房的楼(地)面应设置防水层,墙面宜设置防潮层;当厨房布置在非用水房间的下层时,顶棚应设置防潮层。

6 操作台前的过道净宽不应小于 0.90 m,操作面净长不宜小于 2.1 m。

7 放置灶具、洗涤池的操作台深度宜为 0.55 m~0.60 m,操作台高度宜为 0.80 m~0.90 m,操作台面与吊柜底面的距离宜为 0.50 m~0.70 m,吊柜的深度宜为 0.30 m~0.40 m。

8 洗涤池与灶具之间的操作距离不宜小于 0.60 m，灶具后面边缘与墙面的距离不应小于 0.10 m，灶具两侧边缘与墙面的距离不应小于 0.20 m。

9 操作台沿口应做防滴水设计，台面贴墙应采取后挡水处理，洗涤池应有防溢水功能，水槽下方的柜内板宜做防潮措施。

10 厨房基本设施的配置应符合表 4.2.5 的要求。

表 4.2.5 厨房设施配置

类别	基本设施	可选设施
橱柜	操作台、橱柜(下柜)	吊柜(高柜)、可升降抽篮
设备	灶具、排油烟机、洗涤池、龙头、热水器*	电冰箱、电饭煲、微波炉、净水机、消毒柜、洗碗机、烤箱、蒸箱、洗衣机等
灯具	顶灯(防潮)	柜内灯、柜底灯等

注：* 燃气热水器可设置在厨房、阳台，非燃气热水器在使用安全的前提下也可设置在卫生间。

11 厨房楼(地)面与相邻空间不宜有高差，当有排水地漏需设高差时，厨房楼(地)面应低于相邻空间 15mm，并宜以斜坡过渡。

12 宜采用集成式厨房等装配式内装技术。

4.2.6 卫生间室内装修设计应符合下列要求：

1 应具备便溺、洗浴、盥洗等基本功能。

2 卫生间楼(地)面和墙面应设置防水层，顶棚应设置防潮层，门口应有阻止积水外溢的措施。

3 卫生间采用同层排水时，防水设计应符合现行上海市工程建设规范《建筑同层排水系统应用技术标准》DG/TJ 08—2314 的有关规定。

4 卫生间楼(地)面应按不小于 1%的坡度向地漏找坡，楼(地)面应低于相邻空间 15 mm，并宜以斜坡过渡。

5 卫生间基本设施的配置应符合表 4.2.6 的要求。

表 4.2.6　卫生间设施配置

类别	基本设施	可选设施
洁具	节水型坐便器、浴缸(或淋浴房、淋浴区)、节水型洗浴龙头、洗脸盆及节水型龙头	洁身器
卫浴五金	毛巾杆(环)、镜面、厕纸架	镜柜、台盆柜、抓杆或扶手、浴巾架、挂衣钩、洗浴区置物架、恒温型龙头
电气设备	排气扇	取暖器(含排风、照明功能)、电热水器、电话、电热、水暖毛巾架、洗衣机等
灯具	顶灯(防潮)	镜前灯、柜底灯等

注:当设有浴霸等具备排气功能的设备时,可不另设排气扇。

6　淋浴房(区)应设置地漏,地漏找坡坡度应不小于1%;淋浴房(区)与外部交接处宜有阻止积水外溢的措施。

7　淋浴区净深不宜小于0.80 m,淋浴器喷头中心距墙不应小于0.35 m,淋浴房门宽不应小于0.55 m,且应采取外开或推拉的方式。

8　洗面盆的盆面距离楼(地)面宜为0.75 m～0.85 m,中心距离侧墙不应小于0.35 m。

9　坐便器中心距侧墙不应小于0.40 m,距侧面洁具边缘不应小于0.35 m。

10　浴缸、淋浴区靠墙一侧宜设置抓杆,或预留安装条件。

11　卫生间洗浴区应有设置洗浴用品置物架的条件。

12　暗藏有设备阀门或管线接口等有维护要求的吊顶、浴缸、排水立管管井等部位,应设可检修措施。

13　宜采用集成式卫生间等装配式内装技术。

4.2.7　套内可结合装修因地制宜设置贮藏空间,并宜符合下列要求:

1　玄关宜设鞋柜、衣柜等储藏空间。

2　卧室宜配置衣柜或步入式储藏空间。

3　固定收纳柜体宜采用标准化模块的成品部件，通过不同组合形成各种搭配，以满足不同空间的使用需求。

4.2.8　套内楼梯设计应符合下列要求：

1　套内楼梯设计应符合现行上海市工程建设规范《住宅设计标准》DGJ 08—20 的相关要求。

2　楼梯踏步应有防滑措施。

3　套内楼梯踏面下方不宜通透，踏面前缘不宜突出。

4　套内楼梯踏步、栏杆、扶手宜采用成品部件。

4.2.9　阳台装修设计应符合下列要求：

1　应设置晾晒衣物的设施或预留安装条件，晾晒设施宜采用升降式晾衣架。

2　开敞阳台、露台设置洗衣机等家用电器时应有防雨设施。

3　禁止降低阳台栏杆或栏板的防护高度，或改变原建筑为防止儿童攀爬的构造措施。

4　设有给水点的封闭阳台墙、地面应设防水层，顶棚宜设防潮层，楼（地）面应有排水措施，并应按不小于1%的坡度向排水点找坡。

5　有排水的封闭阳台地坪应低于相邻室内空间楼（地）面 15 mm，并宜以斜坡过渡。

4.3　公共部位

4.3.1　住宅公共部位室内装修设计应包括从住宅公共出入口到入户门之间的公共使用、交通等空间。

4.3.2　公共门厅宜合理设置信报箱、告示栏等辅助服务设施。信报箱的设置应符合现行国家标准《住宅信报箱工程技术规范》GB 50631 的相关要求。

4.3.3　电梯门洞口装修应有防碰擦措施。

4.3.4 楼梯间及电梯厅应有楼层指示标识，入户门应有门牌标识。

4.3.5 设置有自动喷水灭火系统的电梯厅或前室，地面应比电梯门槛低 5 mm～10 mm，并以斜坡过渡。

4.3.6 公共部位的装修设计禁止降低建筑外廊护栏及低窗栏杆的防护高度。

4.4 门 窗

4.4.1 住宅套内房间应设有房间门，房间门宜向内开启。

4.4.2 住宅套内门五金应包含门锁、拉手、合页（导轨、地弹簧）、门吸等；可开启内窗五金应包含拉手、合页（导轨）等。

4.4.3 套内门扇的最小净尺寸应符合表 4.4.3 的要求。

表 4.4.3 套内房间门扇的最小尺寸

功能空间	门扇宽度（m）	门扇高度（m）
起居室、餐厅、卧室	0.85	2.05
厨房	0.70	2.05
卫生间	0.65	2.05
储藏室	0.60	1.95

注：有条件时，厨房和卫生间的门扇宽度宜大于或等于 0.85 m。

4.4.4 门窗扇及门窗套应采用标准化成品部件。

4.4.5 当住宅设有凸窗或低于 0.90 m 的临空外窗时应设置防护措施，防护措施设计应符合现行上海市工程建设规范《住宅设计标准》DGJ 08—20 的相关要求。

4.5 材 料

4.5.1 住宅室内装修设计应选用环保、安全、耐久、防火、防水、防潮、防腐、防污、隔声、保温的绿色节能材料，并应满足生产、运输和安装等要求。

4.5.2 住宅室内装修材料宜选用可循环、再利用、再生（速生）的材料。

4.5.3 住宅室内装修材料的选用宜符合表 4.5.3 的要求。

表 4.5.3 住宅室内装修材料选用

部位	功能空间	材料性能	材料列举
地面	卧室	防滑、易清洁	木地板、PVC 地板等
	起居室、餐厅	防滑、易清洁	木地板、PVC 地板、地砖、石材等
	厨房	防滑、防水、抗渗、易清洁	地砖、石材等
	卫生间	防滑、防水、抗渗、易清洁	地砖、石材、高分子复合材料等
	阳台	防滑、防水、易清洁、抗冻、耐晒、耐风化	地砖、石材等
	公共部位	防滑、耐磨、易清洁、防水	地砖、石材等
顶面	卧室、起居室、餐厅	易清洁	涂料等
	厨房、卫生间	防水、易清洁	涂料、扣板等
	阳台	防水、易清洁	室外涂料、扣板等
	公共部位	易清洁，防潮（室外或地下空间）	涂料等
墙面	卧室、起居室、餐厅	防潮、易清洁	涂料、壁纸、集成板材等
	厨房	防水、耐热、易清洁	墙砖、石材、集成板材等
	卫生间	防水、易清洁	墙砖、石材、马赛克、涂料、集成板材、高分子复合材料等
	阳台	耐晒、防水、易清洁	涂料、墙砖等
	公共部位	防潮、防水（室外）、易清洁	涂料、墙砖、石材、集成板材等
踢脚	卧室、起居室、餐厅、阳台	耐磨、易清洁	木制、PVC、墙砖、石材、金属等

续表4.5.3

部位	功能空间	材料性能	材料列举
窗台	卧室、起居室、餐厅	坚固、耐久、耐晒、易清洁	人造石、石材、木质材料等
	厨房、卫生间	坚固、防水、易清洁	同墙面材质相同的墙砖、石材等
操作台面	厨房、卫生间、阳台	防水、防腐、耐磨、易清洁	人造石、石材、不锈钢等
固定家具	卧室	易清洁	木质、皮革、金属等
	起居室、餐厅	易清洁	木质、皮革、金属、石材等
	厨房	防潮、防腐、易清洁	木质等
	卫生间	防潮、防腐、易清洁	木质、石材、金属等
	阳台	防潮、防腐、易清洁、耐晒	木质、石材、金属等
	公共部位	易清洁	木质、金属等

注：表中各功能空间部位材料的燃烧性能应符合现行国家标准《建筑内部装修设计防火规范》GB 50222 中的相关规定。

4.5.4 住宅室内装修设计采用玻璃隔断、玻璃栏板等玻璃板材时，应选用安全玻璃并采取防自爆坠落措施和安全耐久的安装方式；安全玻璃应符合现行行业标准《建筑玻璃应用技术规程》JGJ 113 的相关规定。

4.5.5 住宅地面应根据不同部位，选择相应防滑等级的材料和做法。住宅地面防滑性能等级应不低于表 4.5.5 的要求。

表 4.5.5 住宅地面防滑性能要求

类别	工程部位		防滑等级
潮湿地面	公共区域	公共外廊	B_w
	套内区域	卫生间淋浴区	B_w
干态地面	公共区域	建筑出入口	B_d
		门厅、走道、信报间、电梯厅等	C_d
	套内区域	厨房、卫生间	B_d
		卧室、起居室、餐厅、过道、封闭阳台等	C_d

5 设 备

5.1 给排水

5.1.1 住宅应设置生活热水供应设施。

5.1.2 热水管、贮热水箱均应保温，室内吊顶内的给水管道应做防结露绝热层。

5.1.3 当集中生活热水系统分户热水表后热水支管长度超过 8 m，或户内热水器不循环的热水支管长度超过 8 m 时，宜采取措施保证快速出热水。

5.1.4 生活冷热水系统设计宜采取保证用水点处供水压力平衡和水温稳定的措施。

5.1.5 住宅套内设有中央净水机或中央软水机等水处理设备的位置，应有排水设施。

5.1.6 节水器具使用率应达到 100%，用水效率的等级标准应符合现行上海市工程建设规范《住宅建筑绿色设计标准》DGJ 08—2139 的相关要求。

5.1.7 生活冷热水给水管可采用薄壁不锈钢管、铜管、塑料冷热水给水管和金属塑料复合冷热水管，宜采用金属冷热水给水管，管道、阀门和配件均应采用不易锈蚀的材质，其工作压力不应大于相应温度下产品标准公称压力或标称的允许工作压力。

5.1.8 同层排水设计应符合现行上海市工程建设规范《建筑同层排水系统应用技术标准》DG/TJ 08—2314 的规定。

5.1.9 设有淋浴间和洗衣机的区域应设有地漏，地漏应选用防止水封破坏的产品，保证水封深度不得小于 50 mm。

5.1.10 装配式住宅的给水排水管道宜采用管线分离方式，给水排水管道穿越预制墙体、楼板和预制梁的部位应准确预留孔洞或预埋套管。

5.1.11 住宅室内及公共部位消防设计应符合现行国家标准《建筑设计防火规范》GB 50016 及现行上海市工程建设规范《住宅设计标准》DGJ 08—20 的相关规定。

5.2 燃　气

5.2.1 燃气管道宜明敷，当需要暗敷或暗封时，应符合现行上海市工程建设规范《城市煤气、天然气管道工程技术规程》DGJ 08—10 的相关要求。

5.2.2 燃气设备、管道与电气设备、相邻管道及其他物体的净距，应符合现行上海市工程建设规范《城市煤气、天然气管道工程技术规程》DGJ 08—10 的相关要求。

5.2.3 燃气热源设备热效率应符合现行上海市工程建设规范《居住建筑节能设计标准》DGJ 08—205 的相关要求。

5.3 暖　通

5.3.1 住宅套内的主要房间应设置空调设施，并应设置分室温度控制设施。

5.3.2 空调设备能效应符合现行上海市工程建设规范《居住建筑节能设计标准》DGJ 08—205 的相关要求。

5.3.3 空调设备的冷凝水应有组织地间接排放，不应出现倒坡。

5.3.4 空调室内机的位置设置应合理，不宜直接吹向人体；空调区的送、回风方式及送、回风口选型和安装位置应满足使室内温度均匀分布的要求。

5.3.5 空调室内机进出风口的位置及遮挡性装饰应设置合理，不应出现由于阻力过大导致出风量不足的情况。

5.3.6 当采用户式集中新风系统时，其设计换气次数不应低于0.5次/时，并应符合现行行业标准《住宅新风系统技术标准》JGJ/T 440的规定；宜设置高中效过滤器对PM2.5过滤净化，并宜具有全热或显热回收功能。

5.3.7 采用集中新风系统，其空调通风管道穿越分户墙时，应设70 ℃防火阀。

5.3.8 采用辐射供暖供冷系统时，其设计应符合现行国家标准《民用建筑供暖通风与空气调节设计规范》GB 50736、现行行业标准《辐射供暖供冷技术规程》JGJ 142和现行上海市工程建设规范《地面辐射供热技术规程》DGJ 08—2161的规定。

5.3.9 采用辐射供冷系统时，其空调房间应采取防结露措施。

5.4 电　气

5.4.1 住宅室内装修设计的公共部位、住户配电箱用电负荷计算功率不应超过建筑设计相应配电箱的计算容量。

5.4.2 住户配电箱应设置在套内，不应设置在厨房、卫生间内；不应嵌装在共用部分的电梯井壁、设有洗浴设备的卫生间0～2区隔墙上。

5.4.3 住宅室内装修低压配电系统接地形式，应与建筑设计的低压配电系统接地形式一致。

5.4.4 住宅选用的电气设备，应与配电箱的配电方式（单相二线、三相四线）、电压（380 V、220 V）匹配。当采用三相电源进户时，各相负荷分配宜保持平衡。

5.4.5 住户配电箱内剩余电流动作保护装置的设置位置、保护方式和选型，应确保电气线路或设备正常使用的泄漏电流不超过剩余电流动作保护装置的动作范围。

5.4.6 住宅室内所有电源插座应选用带保护门的插座。套内电源插座的位置、数量、规格应符合现行上海市工程建设规范《住宅设计标准》DGJ 08—20 的相关要求，可结合室内装修设计的用电设备、家具布置增加数量。

5.4.7 住宅套内厨房洗涤池下方宜设电源插座，该插座的防护等级不应低于 IP54。

5.4.8 露天或无避雨措施的室外，不宜设置灯开关、门铃按钮、插座；必须设置时，灯开关、门铃按钮、插座的防护等级不应低于 IP54，材质为塑料时应为防紫外线型。

5.4.9 住宅室内装修消防应急照明和疏散指示系统设计不应更改建筑设计中消防应急照明和疏散指示系统的系统形式、灯具供电方式。

5.4.10 当住宅公共部位灯具采用节能自熄方式控制时，宜采用搭配环境光感应器、人体感应器的节能自熄开关或灯具。

5.4.11 住宅套内入户过渡空间宜设置照明总控制开关、人体感应点亮的照明灯，该灯不应在照明总开关控制范围内。

5.4.12 住宅套内长走道、楼梯等连通空间的两端及中途，宜设置双控或中途控制照明开关。

5.4.13 住宅套内入户过渡空间、卫生间、楼梯的照明开关宜采用带夜间指示灯的开关。

5.4.14 住宅套内走道宜设置搭配环境光感应器、人体感应器的节能自熄夜间照明灯。

5.4.15 除特低电压照明系统外，配电箱至灯具的照明配电线路应敷设 PE 线。特低电压照明系统应采用安全特低电压(SELV)。

5.4.16 设有洗浴设备的卫生间，电气设计要求应符合下列规定：

1 设有洗浴设备的卫生间，除采用安全特低压(SELV)的回路外，应采用具有额定剩余动作电流值不超过 30 mA 的剩余电流保护器(RCD)对所有回路提供保护。

2 设有洗浴设备的卫生间，应设局部等电位联结。室内装修设计不得拆除或覆盖局部等电位联结端子箱。

3 卫生间 0 区内所有电气设备的防护等级不应小于 IPX7B 或 IP27，1、2 区内所有电气设备的防护等级不应小于 IPX4B 或 IP24。

4 设有洗浴设备的卫生间，宜采用防潮、防雾、易清洁型灯具。灯具、浴霸、空调、地暖、电热水器的开关宜设置在设有洗浴设备的卫生间外，如必须设置在卫生间内时，应设在 0、1、2 区外。

5 除 0、1、2 区外，卫生间内固定式电气设备专用的插座可低于 1.5 m，给移动式电气设备使用的插座，应不低于 1.5 m。

6 与设有洗浴设备的卫生间无关的电气线路，不应进入卫生间内。

7 用电设备、开关设备、控制设备和附件的选择和设置要求，卫生间内部布线要求等其他安全措施，应符合现行国家标准《建筑物电气装置　第 7-701 部分：特殊装置或场所的要求装有浴盆或淋浴盆的场所》GB 16895.13 的相关要求。

5.4.17 配电线路的敷设应符合下列要求：

1 电线的敷设应符合上海市工程建设规范《低压用户电气装置规程》DG/TJ 08—100—2017 中第 5.2.6 条的规定。

2 用于配电线路敷设用塑料导管、槽盒的燃烧性能不应低于 B_1 级。

3 配电线路不应穿越或敷设在燃烧性能为 B_1 或 B_2 级的保温材料中；确需穿越或敷设时，应采取穿金属管并在金属管周围采用不燃隔热材料进行防火隔离等防火保护措施。保温材料上设置开关、插座等电器配件的部位周围应采取不燃隔热材料进行防火隔离等防火保护措施。

4 配电线路敷设在有可燃物的闷顶、吊顶、隔墙、架空地板内时，应采取穿金属导管、采用封闭式金属槽盒等防火保护措施。

5.4.18 电线电缆的选型应符合现行上海市工程建设规范《民用建筑电气防火设计规程》DGJ 08—2048 的相关规定。

5.5 智能化

5.5.1 住宅室内装修设计智能化系统的功能、设备应与建筑设计智能化系统衔接、匹配。

5.5.2 住户信息箱应设置在套内，不应设置在厨房、卫生间内。

5.5.3 住宅套内信息箱与配电箱、智能家居控制箱不宜贴邻或垂直叠放。

5.5.4 住宅套内双孔信息插座、有线电视插座，其位置、数量应符合现行上海市工程建设规范《住宅设计标准》DGJ 08—20 的相关要求，可结合室内装修设计的用电设备、家具布置增加数量。

5.5.5 住宅公共部位、套内的安全防范系统（访客对讲系统、室内入侵报警系统）的设计，应符合现行上海市地方标准《住宅小区智能安全技术防范系统要求》DB 31/T 294 等的相关要求。

5.5.6 住户套内设置智能家居系统时，应符合下列要求：

1 应遵循"适用为主、适当超前"的原则，选用技术先进、系统成熟、性能稳定、操作简便、功能和容量可扩展的系统，在技术条件成熟时可选择集成化程度高、无线组网方式的系统，并应符合现行上海市工程建设规范《住宅设计标准》DGJ 08—20 的相关要求。

2 智能家居系统需要在住户配电箱内设置智能家居系统控制模块时，配电箱的尺寸应能考虑相应设备的安装空间。

3 智能家居系统宜具有系统发生故障时，转换成手动控制的功能。

5.5.7 住宅公共部位出入口控制系统、电梯控制系统，条件许可时，可采用"无接触控制"的相关智能化技术。

6 室内环境

6.0.1 住宅室内装修设计完成后的分户墙、户内隔墙及楼板构件的空气声隔声性能，以及分户楼板构件的撞击声隔声性能，均应符合现行上海市工程建设规范《住宅设计标准》DGJ 08—20 中的相关要求，并不应低于建筑设计的相关要求。

6.0.2 卧室不应紧邻电梯井，在起居室、餐厅等其他居住空间紧邻电梯井时，应采取隔声措施。

6.0.3 住宅室内排水管宜采取防噪声措施，排水产生的室内环境噪声应符合现行上海市工程建设规范《住宅设计标准》DGJ 08—20所规定的室内允许噪声值。

6.0.4 住宅室内装修设计不应影响建筑室内的自然采光，且墙面、顶面宜采用浅色的饰面材料。

6.0.5 住宅室内照明设计应采用节能型灯具，并应根据各功能空间要求，合理选择光源，确定灯具形式及安装位置。灯具的防护等级、灯具附属装置、照明质量、照明标准值、照明功率密度等设计，应符合现行国家标准《建筑照明设计标准》GB 50034 的相关要求。

6.0.6 住宅室内装修设计应合理布置室内家具及隔断，不应影响室内自然通风。

6.0.7 厨房、卫生间应具有良好的通风换气条件。厨房排油烟机的排放途径应与建筑设计一致，公共排油烟(气)道应设有方便防火止回阀检修和更换的措施。

6.0.8 住宅套内无外窗的卫生间应安装机械通风设施，并通过建筑设计的排气通风道排出室外。

6.0.9 住宅室内装修材料及装修工艺应控制有害物质的含量，应严格执行现行国家标准《民用建筑工程室内环境污染控制标准》GB 50325 的相关规定。

7 防　火

7.0.1　住宅室内装修设计应符合现行国家标准《建筑设计防火规范》GB 50016 及《建筑内部装修设计防火规范》GB 50222 的相关要求。

7.0.2　住宅套内各部位装修材料的燃烧性能等级，不应低于表 7.0.2的规定。

表 7.0.2　住宅套内各部位装修材料的燃烧性能等级

部位		顶面	墙面	(楼)地面	隔断	固定家具	家具包布	其他装修材料
套内	低层、多层住宅	B_1	B_1	B_1	B_1	B_2	B_2	B_2
	高层住宅	A	B_1	B_1	B_1	B_2	B_2	B_1

注：1. 厨房顶面、墙面、地面均应采用燃烧性能等级为 A 级的装修材料；厨房内固定橱柜宜采用不低于 B_1 级的装修材料。
2. 卫生间顶棚宜采用 A 级装修材料。
3. 阳台装修宜采用不低于 B_1 级的装修材料。

7.0.3　住宅室内装修完成后，楼梯间、疏散走道、疏散门等的净宽需符合现行国家标准《建筑设计防火规范》GB 50016 及现行上海市工程建设规范《住宅设计标准》DGJ 08—20 的相关规定。

7.0.4　防火门的表面加装贴面材料或其他装修时，不得减小门框和门的规格尺寸，不得降低防火门的耐火性能，所用贴面材料的燃烧性能等级不应低于 B_1 级。

7.0.5　建筑隔墙或隔板、楼板的孔洞需要封堵时，应采用防火堵料严密封堵。采用防火堵料封堵孔洞、缝隙及管道井和电缆竖井时，应根据孔洞、缝隙及管道井和电缆井所在位置的墙板或楼板的耐火极限要求选用防火堵料。

7.0.6 使用燃气的厨房宜安装燃气报警器，应根据气源选择相应的燃气报警器，除人工煤气外，其他气源应选用可探测一氧化碳的复合型燃气报警器，并和燃气紧急切断阀连锁。

本标准用词说明

1 为便于在执行本标准条文时区别对待，对要求严格程度不同的用词，说明如下：

1）表示很严格，非这样做不可的用词：
正面词采用“必须”；
反面词采用“严禁”。

2）表示严格，在正常情况均应这样做的用词：
正面词采用于“应”；
反面词采用“不应”或“不得”。

3）表示允许稍有选择，在条件许可时首先应这样做的用词：
正面词采用“宜”；
反面词采用“不宜”。

4）表示有选择，在一定条件下可以这样做的用词，采用“可”。

2 条文中指明应按其他有关标准、规范和其他规定执行的写法为：“应按……执行”或“应符合……的相关要求（或规定）”。

引用标准名录

1 《建筑物电气装置　第7-701部分:特殊装置或场所的要求装有浴盆或淋浴盆的场所》GB 16895.13
2 《建筑设计防火规范》GB 50016
3 《建筑照明设计标准》GB 50034
4 《建筑内部装修设计防火规范》GB 50222
5 《民用建筑工程室内环境污染控制标准》GB 50325
6 《住宅信报箱工程技术规范》GB 50631
7 《民用建筑供暖通风与空气调节设计规范》GB 50736
8 《无障碍设计规范》GB 50763
9 《建筑玻璃应用技术规程》JGJ 113
10 《辐射供暖供冷技术规程》JGJ 142
11 《建筑地面工程防滑技术规程》JGJ/T 331
12 《住宅新风系统技术标准》JGJ/T 440
13 《城市煤气、天然气管道工程技术规程》DGJ 08—10
14 《住宅设计标准》DGJ 08—20
15 《低压用户电气装置规程》DG/TJ 08—100
16 《居住建筑节能设计标准》DGJ 08—205
17 《民用建筑电气防火设计规程》DGJ 08—2048
18 《住宅建筑绿色设计标准》DGJ 08—2139
19 《地面辐射供热技术规程》DGJ 08—2161
20 《建筑同层排水系统应用技术标准》DG/TJ 08—2314
21 《住宅小区智能安全技术防范系统要求》DB 31/T 294

上海市工程建设规范

全装修住宅室内装修设计标准

DG/TJ 08—2178—2021

J 13187—2021

条文说明

2021　上海

目　次

Contents

1 总 则

1.0.1 本市从1999年开始推行住宅全装修已20多年，近年来随着全装修住宅建设的全面推进和快速发展，市民对全装修住宅室内装修的安全、质量及使用功能提出了更高的要求。为了规范全装修住宅的室内装修设计，提高全装修住宅的设计质量，保证消费者权益，提高居住品质，特制定本标准。

1.0.2 本标准适用于本市新建全装修住宅室内装修设计。本市项目土地出让合同明确要求房地产开发企业自持用于市场化租赁的住房，以及本市保障性住房的全装修住宅产品，在符合本市租赁住房和保障性住房相关的建设、设计文件及规范标准的基础上，在技术条件相同时适用。改建、扩建和更新改造全装修住宅的室内装修设计，在技术条件相同时也可适用。非全装修住宅以及居民个人旧宅翻新装修都不在本标准的适用范围内。

1.0.4 整体设计是指在项目建筑设计的各个阶段都需要建筑、结构、室内、机电等专业共同协调配合完成，全装修住宅室内装修设计是对住宅建筑设计的完善与延续，室内装修设计应与建筑设计同步进行，以达到整体建筑设计最合理的效果，并且可降低造价、减少配合环节、缩短设计周期，各专业相互协调、配合，避免因装修设计滞后而带来的各种问题。

1.0.5 随着装配式建筑和全装修住宅的同步发展，装配式装修成为装配式建筑转型升级的抓手。上海全装修住宅应大力推进建筑节能、推广可循环、高性能、低材耗的材料部品的应用。宜使用标准模块和部件以及集成技术，减少全装修住宅的质量通病，降低资源浪费，减少建筑垃圾排放，改善和提高室内居住环境的质量。

1.0.6 目前，全装修住宅设计对老年和行动不便的群体关注较少，人性化、安全性和便利性考虑不足，未顾及各年龄段多样化的居住使用需求。我国人口老龄化的加速发展，老年人口越来越多。全装修住宅室内装修设计不仅要满足一般居住的使用需求，还须考虑老人和行动不便群体的特殊使用需求等。

3 基本规定

3.0.2 固定面装修是指楼(地)面、墙面及顶面铺装、粉刷等;固定设施是指机电管线、插座、开关、洁具、灯具、固定家具、热水供应设备、空调等满足基本生活需求的设施。

3.0.3 住宅室内装修设计禁止对建筑主体和承重结构进行修改,也禁止违反结构主体的设计要求,如对结构楼板的荷载要求等。若必须对建筑主体和承重结构设计进行修改,应得到原建筑设计单位或有资质的专业设计单位认可,并符合相关规范和标准的规定。

3.0.7 为适应住宅装修工业化生产的需要,提高装修施工质量与施工效率,住宅装修设计应标准化、模数化及通用化。

4 室内装修

4.1 一般规定

4.1.1 现在不少住宅在建筑设计阶段能满足现行上海市工程建设规范《住宅设计标准》DGJ 08—20 的规定，并通过审图公司审核。但全装修完成后不满足规范中基本空间、使用面积、尺寸、功能要求以及安全措施等方面的规定，故本条要求装修设计须落实设计标准中的相关规定。

4.1.2 为了保证全装修住宅的室内美观、舒适效果，并保护管线不被破坏，要求除燃气管道之外的设备管线暗敷，可以墙板、吊顶相隔，也可以格栅、饰面等装饰手法遮蔽。套内明装的固定电器，如分体空调、电热水器等，电源接线和管道有一定外露部分，属于允许的范围。

4.1.3 洗衣机一般设置在卫生间、阳台等区域，这些区域应设有洗衣机给排水设施和楼(地)面防水措施，墙面防水层高度宜距楼(地)面面层 1.2 m。当设置在其他区域时也应满足上述要求。

4.1.4 窗帘的设置可以起到遮阳、保护隐私的作用，住宅应安装或预留窗帘盒或窗帘杆的位置，以避免居住者入住后窗帘盒或窗帘杆安装困难或无法安装的情况。卧室、起居室往往需要能遮光且厚重的窗帘，需在窗附近顶面安装或预留窗帘盒或窗帘杆的位置。建筑外窗如有外置或中置的活动遮阳设施，也应具备该功能。卫生间窗帘的作用是遮挡视线，可在窗洞内侧安装百叶等轻质的窗帘，也可采用毛玻璃透光并遮挡视线。厨房考虑油烟等问题，一般不要求设有窗帘。

4.1.5 保温材料材质疏松、强度较低、易损坏。在内保温材料的墙体上需悬挂或固定物品时，应采取锚固加强措施，且锚固件应固定在基层墙体上，以免破坏保温材料，影响保温效果。当仅预留锚固位置时，预留位置应有相应标识，以方便居住者使用。

4.1.6 设备管线不宜埋设在建筑结构体中，是为了避免因设备管线和内装的更换、维护造成对建筑主体结构的破坏。采用管线分离的内装技术，在不破坏主体结构的前提下，实现设备管线的可检修和易更换，使建筑更为安全、耐久，并有利于住宅的空间可变性和功能拓展性。

4.1.7 非砌筑隔墙、干法施工的楼（地）面、吊顶以及墙面干法饰面等内装技术，是目前装配化装修发展的主要技术。装配式内装技术可增加空间改造的可能性，提高健康环保性能，且减少建筑垃圾产生、缩短建造周期，节约人力和时间成本等。

4.1.8 非砌筑隔墙及墙面干法饰面，不能像传统湿作业墙面一样，直接在墙面打钉或用膨胀螺栓锚固，安装重物。一般在墙面固定或吊挂超过 15 kg 重物时（如挂电视机、热水设备、抓杆扶手、艺术饰品、窗帘杆等），需提前根据居住者可能的使用需求，在墙面设置锚固点位，或对基层进行加固措施，以便后期墙面悬挂重物，并标记加固位置。

4.2 套 内

4.2.1 住宅室内装修设计应在满足各空间使用功能的前提下，合理布置设备、设施和基本家具。家具本身并非是全装修住宅交房的配置内容，但通过合理的布置对管线、开关、插座、灯具及龙头等定位起到至关重要的作用。

4.2.2 为防止住宅公共部位楼（地）面的积水和灰尘进入户内，要求入户门外公共部位楼（地）面的标高，比套内入口处略低，这样也方便住户因生活习惯在门口放置防尘地垫。如入户门外的公共部位处于半室外空间，该空间必须做好防、排水措施，入户门处应位于地面找坡高点，坡度不应小于1％。

4.2.3 卧室在满足基本功能的基础上，还可兼有储藏、学习等功能，带衣帽间的卧室因有储藏空间，可不另外放置柜体。基本家具尺寸参考表1的规格。

表1 卧室基本家具尺寸

家具名称	长(mm)	宽(mm)	高(mm)
单人床	2 000	≥800	450
双人床	2 000	≥1 500	450
床头柜	450～600	400	450
橱柜	900～2 100	600	≥1 800
书桌	900～1 200	500～600	700～800

4.2.4 起居室、餐厅室内装修设计应符合下列要求：

3 餐厅的家具应根据家庭成员数量配套设置，满足用餐的功能。

4.2.5 厨房的室内装修设计应符合下列要求：

2 由于防火安全的要求及避免油烟气味串入卧室、起居室，使用燃气的厨房应设计为可封闭空间。随着居民生活水平的提高，在使用燃气厨房之外，住宅设计中出现很多西式厨房，西式厨房主要采用电气灶具，以冷餐、西式料理为主，相对于中式厨房来说油烟气味较少，所以可设计为开敞式。

4 本条新增灶具安装位置的要求。如灶具位于窗户位置，或距离窗口较近，明火易被室外的风雨影响，造成火灾或燃气泄露等事故，故应避免安装于此位置。且灶具如位于窗户位置，不便安装脱排油烟机，也不便于清洁油腻。

5 本条是对厨房防水、防潮的要求，具体做法应符合现行行业标准《住宅室内防水工程技术规范》JGJ 298中的相关要求。当厨房采用轻质隔墙时，应做全防水墙面。

6 操作台前的过道如果过窄，不利于两人同时操作。为解决洗、切、烧、配等炊事操作，操作台净长不宜小于 2.10 m。

7 操作台深度是指可使用的实际深度，不包括操作台后面墙体的装修完成面厚度。如吊柜厚度较薄，可适当降低操作台面与吊柜底面的距离。根据人体工学尺寸，本条规定操作台和吊柜的适宜尺度，以提高住户使用的舒适度。

8 本条规定洗涤池与灶具之间的操作距离，和灶具与相邻墙体的距离，是为了预留安全及合理的操作空间。

9 操作台面易有水渍等液体滴落，会导致橱柜门板变形、潮湿、污染橱柜门等问题，故操作台沿口应采用防滴水的设计，如可采用台口凸起等形式。水槽柜内易因设置角阀，或水槽漏水造成受潮，故柜内板宜做防潮措施。

10 表 4.2.5 中的基本设施是满足居住者基本使用需求的设施；可选设施是为不同需求的住户提供更多的选择从而提高居住品质的设施。随着人们生活水平的提高，净水机、蒸箱等现代厨房电器也越来越被广泛地使用。因此，表格中适当增加了一些提升生活水平的厨具、电器设备和装饰灯具等。燃气热水器通常设置在厨房和阳台等半室外空间里。非燃气热水器（电热水器、太阳能热水器）通常设置在卫生间、厨房等有通风的空间。

11 厨房为烹饪场所，经常端着菜品出入，楼（地）面如设置高差，容易绊脚，不适宜生活需要，特别是老年人在行走时，地面高差会造成行动不便，故新增厨房与相邻空间楼（地）面不宜设置高差的要求。

当厨房设有分集水器、生活热水控制总阀门、洗衣机等设施，需设地漏时，楼（地）面与相邻空间应有不少于 15 mm 的高差并宜以斜坡过渡，方便通行；如无条件实现楼（地）面高差，也可通过设置挡水门槛来达到阻止积水外溢的目的。

12 随着政府大力推进工业化发展，集成式厨房等装配式技术越来越成熟。本条增加了采用集成式厨房等装配式技术应用的要求。宜将家电和橱柜有机地结合在一起，按照厨房结构、面积，以及功能需求，通过整体配置、整体设计、整体施工提供相关的成套产品。

4.2.6 卫生间设计应符合下列要求：

1 卫生间的便溺、洗浴、盥洗等基本功能，可集中在一个卫浴空间，也可分离设置。

2 本条文中对墙面设防水层的技术要求，高于现行行业标准《住宅室内防水工程技术规范》JGJ 298 中的相关要求。规范中对卫生间有配水点的墙面，针对不同区域，有不同高度的防水和防潮要求，在施工现场不易区别高低范围，操作不便。故本条文要求卫生间墙面防水层通高满做，使施工便捷，保证工程质量。卫生间的防水、防潮等做法见现行行业标准《住宅室内防水工程技术规范》JGJ 298 中的相关要求。

4 为防止积水不侵蚀相邻空间，卫生间楼（地）面应低于相邻空间。楼（地）面低于相邻空间 15 mm，并宜以斜坡过渡，是为了方便出入，特别是老年人等行动不便的群体。如无条件实现楼（地）面高差，也可通过设置挡水门槛来达到阻止积水外溢的目的。

7 本条增加了淋浴区尺度要求。特殊造型淋浴房，需满足人体可在淋浴房内自由沐浴，不碰撞玻璃为宜，并将淋浴房门宽度由不宜小于 550 mm 提升至不应小于 550 mm，避免因门扇过窄而影响出入。另外，淋浴房地面湿滑，老人、孩童若在淋浴房发生跌倒，身体可能会挡住门扇朝内开启，不便施行安全救助，因此，淋浴房门不应选用内开的方式；如淋浴房选用紧急时可强制外开的门扇五金，也可考虑内开的安装方式。淋浴房门开启时，不应与周边物体发生碰撞。

10 浴缸内及淋浴区地面湿滑，使用者容易摔跤造成意外伤害，加上浴室内的温度高、气压低会诱发老年人心脑疾病的发作，更增加了摔倒的可能性。设置抓杆或扶手，提供使用者辅助支撑、借力，保持身体平衡，可有效地避免使用者滑倒、摔伤，方便洗浴。当采用装配式卫生间时，不适合后期在壁板上安装抓杆或扶手。需合理考虑住户的使用需求，提前设置，在板壁后预留加强板或可靠的固定措施。

11 根据对住户入住后进行的回访调研，有不少住户反映，住宅的卫生间在装修完成后，未设放置洗浴用品的条件，导致在使用过程中造成不便。故需考虑住户的使用习惯，满足功能要求。置物架不属于必须交付标准，壁龛、窗台等也可作为置物架使用。

12 原条文要求设检修口，由于卫生间装配式技术的应用，可以通过拆卸组合构件的方式来达到检修的目的。

13 随着政府大力推进工业化发展，集成式卫生间等装配式技术越来越成熟。本条新增了采用标准化的规格产品和模块化的组合设计，在工厂批量生产，现场干法组装，达到高效装配、施工的目的。

4.2.7 储藏空间设计应符合下列要求：

1 入口玄关作为套内外的过渡空间，宜满足居住者换鞋、更衣，存放临时物品等需求，宜设置鞋柜、衣柜等储藏设施。亦可设置洗手池等设施，兼具进门消毒、清洗功能。

3 将工厂化生产的收纳单元部品通过标准化设计和模块化部品尺寸，组合成收纳系统。既可为居住者提供多样化的选择，又具有节能环保、质优物美等优点。

4.2.8 套内楼梯设计应符合下列要求：

2 套内踏步可采用防滑材料，或在踏步表面安装防滑条、开凹槽等防滑措施。

3 本条是为了方便老年群体上下楼梯时，因行动不便容易绊脚，而提出的要求。

4.2.9 阳台的装修设计应符合下列要求：

1 本条新增宜采用升降式晾衣架，方便行动不便的群体使用，兼顾各种年龄层次群体的使用需求。

2 洗衣机等家用电器设置在室外露天或无防雨设施的场所，受雨淋、潮气等影响，无法保证电气安全性，易引发电击事故。

3 装修设计有可能改变阳台栏杆或栏板的设防高度，涉及安全问题。如抬高地面或在栏杆附近设置可踩踏的矮柜，都可能降低阳台栏杆、栏板的相对高度，或改变原建筑防护构造措施，存在儿童攀爬的隐患，故补充该相关规定。

4 设有给水点的封闭阳台墙面防水层高度宜距楼（地）面面层 1.2 m。防水、防潮做法参见现行行业标准《住宅室内防水工程技术规范》JGJ 298 中的要求。

5 有排水的封闭阳台比相邻空间楼（地）面低 15 mm，此条是为了出入阳台的方便、安全、适老。

4.3 公共部位

4.3.1 住宅公共部位的室内装修包括从住宅公共出入口到入户门之间的公共使用、交通等空间。但机动车库、自行车库、设备用房、设备间等对装修要求不高的空间不在全装修设计范围内。

4.3.2 信报箱也可设置在住宅入口附近有防雨设施的户外空间。

4.3.3 由于住宅电梯经常搬运家具、货物等，易造成门洞口的损坏，应采取防碰擦措施，如可采用石材、墙砖、金属等硬质材料做门套。

4.3.4 入户门的门牌标识可方便邮政投递与访客指引。

4.3.5 设置有自动喷水灭火系统的电梯厅或前室，地面应略低，是为了防止该部位因消防喷淋洒出的水流，倒灌进入电梯井或套内，影响消防电梯正常运行，造成安全隐患。为了避免因楼（地）面高差产生绊脚或不舒适，可在高差处采用小斜坡的方式过渡。如该空间位于半室外，则必须做好防、排水措施，电梯门槛处应位于地面找坡高点，并以不小于1%的坡度向地漏找坡。

4.4 门 窗

4.4.3 根据现行上海市工程建设规范《住宅设计标准》DGJ 08—20 中对于住宅套内各部位门洞的最小尺寸，规定了套内装修完成后门扇的最小尺寸要求。考虑到老年等行动不便的群体所需的适宜尺度，以及搬运家具、电器等需要，当有条件时，厨房和卫生间的门宜适当加大，以满足使用需求。

4.4.4 现在门窗扇及门窗套的设计、生产、安装技术都已经十分成熟，故本条由原来的"宜"采用改为"应"采用。

4.5 材 料

4.5.1 住宅室内装饰装修中各部位选用的材料都应满足国家标准对环保、安全、耐久、防火、防水、防潮、防腐、防污、隔声、保温等方面的要求和环境污染控制的规定。选用材料应耐水、耐腐蚀、耐污染、易清洗。材料的放射性核素限量指标应符合现行国家标准《建筑材料放射性核素限量》GB 6566 的规定，材料的有害物质限量应符合《室内装饰装修材料有害物质限量》系列规范的规定。

4.5.3 装修材料的选用对装修设计起着非常重要的作用，表 4.5.1 对材料的性能作出规定，并列举了一些常用材料。材料列举是为不同需求的住户提供更多的选择参考。

4.5.5 本条明确了住宅建筑内各部位地面的防滑等级，防滑等级的湿态防滑值 *BPN* 和静摩擦系数 *COF* 参见现行行业标准《建筑地面工程防滑技术规程》JGJ/T 331，对于有水、潮湿区域的地面和干态地面，应分别选择符合防滑要求的材料和做法。现有很多住宅建筑各楼层有公共外走廊，连接竖向交通和各住户，不少住户反映在雨雪天易跌倒，引起事故投诉，特别是老年人行动不便；另淋浴区使用时地面特别湿滑，易造成跌倒，因此要求该场所地面达到中高级防滑等级。

5 设 备

5.1 给排水

5.1.1 上海地区住宅内使用生活热水已经普及，故本条规定对于住宅应配置生活热水供应设施，以满足居住者基本的洗浴需求，避免业主需重新安装加热设备及热水管线，造成重复装修及浪费。

5.1.2 考虑节能要求，热水给水管、热水循环回水管、贮热水箱等需要保温，嵌墙的热水给水金属管道也应保温，可采用塑覆金属管道。给水管道结露会影响环境，引起装饰层或物品等受损害，故要求吊顶内的给水管道应做绝热层以防止结露。金属给水管道、塑料给水管道均须做绝热层。保温设计、防结露绝热层的厚度计算和构造做法，可按现行国家标准设计图集《管道和设备保温、防结露及电伴热》16S401 和《管道与设备绝热》K507—1～2执行。

5.1.3 本条意在减少热水的等待时间及减少冷水的浪费，并提高舒适性。配水点处水龙头打开 15 s 内能出热水，8 m 是参考现行国家标准《住宅设计规范》GB 50096 第 8.2.4.3 条而定。当热水支管较长时，可采取电伴热保持管道内温度、在较远的卫生间预留电热水器设置条件，或设置户内热水循环系统等方法。

5.1.4 当多个用水器具同时使用时，常因互相影响而导致水流、水温不稳定。在管道设计上，可采用户内热水循环系统或冷热水设置分集水器供给各用水点等方式；阀门配件可采用淋浴器恒温混水阀等产品。

5.1.5 净水机、软水机清洗、排污会产生排水，应设置排水设施。当接入污、废水管时，应采取间接排放方式排入地漏，地漏应有防干涸防返溢功能；当排水接入专用排水管或与空调排水管合用，并在立管底部间接排放时，排水接口不需存水弯或水封。台盆下安装的小型净水机换滤芯即可，排水量较少，可不考虑设置排水设施。

5.1.6 现行上海市工程建设规范《住宅设计标准》DGJ 08—20 规定，对卫生器具选用均应采用节水型产品。现行上海市工程建设规范《住宅建筑绿色设计标准》DGJ 08—2139 第 8.5.1 及第 8.5.2 条对卫生器具节水的规定，要求住户内水嘴、淋浴器、便器及冲洗阀等生活用水器具用水效率不应低于国家现行有关卫生器具用水效率等级标准规定的 2 级标准。

5.1.7 室内给水管道可选用的管材品种很多，根据现行国家标准《建筑给水排水设计标准》GB 50015 的相关条文，设计、施工安装和验收均应执行相应管材的技术标准。配合上海地区高品质直饮水到户的规划，规划区域的项目推荐采用给水薄壁不锈钢管，不锈钢管材具有保障水质、降低漏损、使用周期内成本较低等优点。

为保证生活用水安全，管道、阀门和配件应考虑其耐腐蚀性能，禁止使用镀锌钢管及镀铜的铁杆、铁芯阀门。金属管与阀门阀芯材质应考虑电化学腐蚀因素，不锈钢管道的阀门不宜采用铜质阀芯阀门，宜采用同质阀门。

管道系统的允许工作压力应为管材的允许压力、管件的承压能力、管道接口能承受的压力，这三个允许工作压力中的最低者。

5.1.8 根据现行国家标准《建筑给水排水设计标准》GB 50015 及现行上海市工程建设规范《住宅设计标准》DGJ 08—20 要求，住宅套内卫生间排水横支管不得穿越楼板进入下层住户，应采用同层排水设计。

5.1.9 根据历年全装修住宅业主满意度调研，地漏返臭是一重点反馈问题，地漏存水弯的水容易日久蒸发，得不到补充时，水封会遭到破坏，导致生活排水系统内臭气通过地漏进入室内，故应选用密闭地漏、防干涸地漏、带硅胶芯地漏或注水地漏等，以保证水封存水深度。洗衣机部位应采用防止溢流的专用地漏。

5.1.10 给水排水管道与建筑结构本体分离的设计方式，保证了装配式住宅耐久性和可维护性的要求。当给水排水管道需穿越预制结构构件时，应预留孔洞或预埋套管，不应后期在建筑物结构层凿剔沟、槽或孔洞。

5.1.11 上海地区对住宅室内及公共部位消防措施进一步加强，应遵照国家及地方规范进行设计，不得随意取消或改动室内及公共部位消防设施。

5.2 燃 气

5.2.1 为达到装修效果，部分燃气管需暗敷或暗封设置，可通过采取相应安全措施，以防止燃气泄漏、聚集而发生爆炸或中毒事故。相应安全措施应符合现行上海市工程建设规范《城市煤气、天然气管道工程技术规程》DGJ 08—10 中相关条文的要求，主要为第 4.4.1 条及第 4.5 节。

5.2.2 设备与管道的具体净距要求见现行上海市工程建设规范《城市煤气、天然气管道工程技术规程》DGJ 08—10 相关条文，如第 4.4.3 条第 3 款、第 4.4.4 条、第 4.4.5 条、第 5.1.3～5.1.6 条，第 5.2.2～5.2.5 条以及第 9.3.6 条第 4 款和第 5 款等。

5.2.3 现行上海市工程建设规范《居住建筑节能设计标准》DG 08—205 第 6.0.5 条规定：户式燃气采暖热水炉的热效率不应低于 88%。

5.3 暖 通

5.3.1 将空调设施纳入全装修住宅的最低标准，是基于上海地区夏季使用空调设备已经普及，本条规定对于全装修住宅至少要在主要房间设置空调设施，避免业主重新敲打和安装，主要房间指起居室、卧室、书房等较长时间使用，和较为注重使用感受的空间。一般集中空调系统的风机盘管可以方便地设置室温控制设施，分体式空调器（包括多联机）的室内机也均具有能够实现分室温控的功能。风管机需调节各房间风量才能实现分室温控，有一定难度。因此，也可将温度传感器设在有代表性房间或监测回风的平均温度，粗略地进行户内温度的整体控制。

5.3.3 室内空调设备的冷凝水应该通过建筑设计预留的专用排水管或就近间接排入附近污水或雨水地面排水口（地漏）等方式有组织排放，以免无组织排放的冷凝水影响室外环境，也需要注意冷凝水管不能直接接入污水管或雨水管，避免水管堵塞导致的返流以及臭味通过冷凝水管扩散至室内的现象发生。

5.3.5 住宅室内装修设计时，为了美观需要可能遮挡进出风口，导致送风量不足，致使室内的空调效果不佳，因此需要核算相关阻力，保证室内机的风压足够克服这些阻力，这样才能保证室内机送出足够的冷（热）量，达到空调效果。

5.3.6 本条具体规定了住宅的集中新风系统的计算、室外风口和室内气流组织设计；根据现行国家标准《环境空气质量标准》GB 3095 中要求 PM2.5 年平均浓度值在 35 $\mu g/m^3$ 以下，24 h 平均浓度值在 75 $\mu g/m^3$ 以下，本市的新风系统还是有必要装置 PM 2.5 净化设施的；从环保、节约资源等角度考虑设置机械换气装置时，宜采用带全热或显热回收装置的机械换气装置。

5.3.7 本条具体规定了住宅应设置防火阀的部位。通风和空气调节系统的风管是建筑内部火灾蔓延的途径之一，要采取措施防止火灾穿过分户墙位置蔓延。

5.3.9 当辐射供冷表面温度低于空气露点时，会造成表面结露现象，引起霉变，对室内环境造成影响，因此辐射供冷的防结露控制是辐射供冷系统成功的关键。

5.4 电 气

5.4.1 本条是为确保用户正常使用电气设备，要求住宅室内装修设计的用电负荷计算功率与建筑设计相应配电箱的计算容量保持一致或小于后者。需确定合理的居住区供配电系统并合理选择配变电所的设置位置及数量，优先选择符合功能要求的节能高效电气设备，合理应用电气节能技术。

5.4.2 住户配电箱的安装位置，不应受振动、潮湿、油烟、灰尘等影响电气设备正常工作及电气安全性；不应削弱防火、隔声措施及结构安全性。住户配电箱、住户信息箱等尺寸较大、进出管线较多的电气设备，不宜嵌入安装在混凝土预制构件上，当安装在预制构件上时，应在不削弱构件性能的情况下预留安装条件。

住宅室内装修设计必须与建筑设计相互衔接协同或同步进行，以避免上述问题。

行业标准《住宅室内装饰装修设计规范》JGJ 367—2015 中第 10.3.2 条“装饰装修设计不宜改变原设计的分户配电箱位置，当需改变时，配电箱不应安装在共用部分的电梯井壁、套内卫生间和分户隔墙上；配电箱底部至装修地面的高度不应低于 1.60 m。”强调了装修设计改变配电箱位置时的要求。而本条文强调了室内装修设计与建筑设计相互衔接协同或同步进行时，配电箱位置的具体要求。

5.4.3 本条是为防止随意改变低压配电系统接地形式而造成的电气安全隐患。

5.4.4 住宅室内装修设计选用户式中央空调等大功率用电设备时，应充分考虑与建筑设计配电箱的电气参数匹配。主要避免以下两种情况：单相配电箱配三相用电设备，造成用电设备无法使用；三相配电箱配单相大功率用电设备造成三相无法平衡，配电箱总开关过载跳闸。

住户配电箱当采用三相电源进户时，遇到功率较大的负荷，各相负荷的分配很难保持平衡，不宜规定具体三相平衡度，特别是单相季节性负荷(空调等)，不同季节不可能完全平衡，但应确保用户正常使用。

5.4.5 住户配电箱的剩余电流保护器设置位置和方式可采用总断路器设置、所有出线断路器设置、出线回路分组设置，及其组合方式设置。

本条不限制剩余电流保护器设置的位置和方式，应根据具体情况确定。套内用电负荷功率大的户型，配出回路、家用电器数量较多，线路、家电本身的泄漏电流累积到住户配电箱总断路器比较大，采用总断路器设剩余电流保护器有可能频繁动作，影响正常使用。故住户配电箱不超过 6 个出线回路时，可采用总断路器设剩余电流保护器；7 个出线回路及以上时，剩余电流保护器宜分散在分回路上或分组(不超过 6 个出线回路为一组)设置。此举可防止因线路、用电设备较多，正常泄漏电流汇总后造成总断路器剩余电流保护器跳闸。6 个出线回路基本上是二室一厅分体空调户型的回路数量。

剩余电流动作保护装置的设计应符合现行国家标准《剩余电流动作保护装置安装和运行》GB/T 13955 的相关要求。

5.4.6、5.4.7 现行上海市工程建设规范《住宅设计标准》DGJ 08—20 中套内电源插座的相关要求，高于国家、行业标准。开发商长期持有的住宅类租赁住房，套内电源插座的设置在满足住户使用要求的情况下，可执行现行国家标准《住宅设计规范》GB 50096、现行行业标准《住宅建筑电气设计规范》JGJ 242 等的相关要求。

根据现行国家标准《家用和类似用途插头插座第 1 部分：通用要求》GB 2099.1 关于插座分类的规定，插座分为带保护门和不带保护门插座，故将原来的“安全型插座”改为“带保护门的插座”。

5.4.8 电气设备的防护等级应按现行国家标准《外壳防护等级(IP 代码)》GB 4208 的规定执行。

露天或无避雨措施的室外场所，可使用 IP54 及以上高防护等级的插座。但大部分产品插上插头时，防护等级失效；即便使用插上插头仍能保持防护等级的插座，非专业人员操作不当，还是容易发生电击事故的。

5.4.11～5.4.14 入户门附近设置照明总控制开关，又称“一键节能开关”，方便住户离家时快速关闭所有灯具，提升住户人性化体验并利于节能。双控开关、带夜间指示灯的开关、夜间照明灯等均为人性化，适应老龄化社会的设计。“一键节能开关”、双控或中途控制照明等功能的具体实现措施不限，可用分立元器件（接触器）实现，也可利于家居智能化系统等实现。

设置能人体感应点亮的节能自熄夜间照明灯的场所不限，但卧室设置夜灯时，其设置位置或人体感应开关角度应防止正常睡眠误触发点亮，而影响睡眠质量。

5.4.15 国家标准《灯具 一般安全要求与试验》GB 7000.1—2015 规定了灯具的通用要求。该标准中灯具依据防触电保护型式分类包括 0 类灯具、Ⅰ类灯具、E 类灯具和Ⅲ类灯具。

国家标准《建筑照明设计标准》GB 50034—2013 第 7.2.9 条规定：“当采用Ⅰ类灯具时，灯具的外露可导电部分应可靠接地”。从趋势上看，0 类灯具已开始淘汰，比 0 类灯具更安全的Ⅰ类灯具和Ⅱ类灯具将是最常用的灯具。室内装修设计中选用的嵌入式灯具，大部分是Ⅰ类灯具；作为室内装修设计，无法限制并规定用户不使用Ⅰ类灯具，故要求所有照明配电线路应敷设 PE 线。

国家标准《建筑物电气装置 第 7-715 部分：特殊装置或场所的要求 特低电压照明装置》GB 16895.30—2008 第 715.411.1 条“特低电压照明系统仅应采用 SELV……”。

照明配电及控制的其他要求应按现行国家标准《建筑照明设计标准》GB 50034 的规定执行。

安全特低电压（SELV）、保护特低电压（PELV）的定义和技术要求见现行国家标准《低压配电设计规范》GB 50054、《低压电气

装置　第4—11部分：安全防护　电击防护》GB 16895.21、《民用建筑电气设计标准》GB 51348。

5.4.16　本条旨在细化卫生间的电气安全设计要求。

1　本条是依据国家标准《建筑物电气装置　第7-701部分：特殊装置或场所的要求 装有浴盆或淋浴盆的场所》GB 16895.13—2012第701.415.1条。目前住宅装修设计中比较容易忽视这些安全措施，故在此予以强调。

设有洗浴设备的卫生间，除下列回路外，应采用具有额定剩余动作电流值不超过30 mA的剩余电流保护器（RCD）对所有回路提供保护：

1）采用电气分隔保护措施，且一回路只供给一个用电设备。

2）采用安全特低压（SELV）或保护特低压（PELV）保护措施的回路。

住宅建筑中，考虑到使用者为非专业人士和设备维护便利性，宜避免使用上述2款措施，当必须使用时，应采用应用更普遍的安全特低压（SELV）。安全特低电压（SELV）、保护特低电压（PELV）的定义见本标准条文说明第5.4.15条；

2　设有洗浴设备的卫生间，应将以下设备作局部等电位联结：卫生间电源插座PE线、金属给排水管、金属浴盆、金属采暖管、建筑物地面墙面钢筋网。局部等电位联结采用BVR-1x4作为联结线暗敷到需联结设备的附近；联结线与设备的联结方法建议优先采用抱箍法，具体可参考现行国家建筑标准设计图集《等电位联结安装》15D502；如能保证联结可靠性，也可采用其他方法。

3　设有洗浴设备的卫生间0、1、2区的定义见国家标准《建筑物电气装置第7-701部分：特殊装置或场所的要求 装有浴盆或淋浴盆的场所》GB 16895.13—2012第701.30.2～701.30.4条。

4　“必须设置在卫生间内”是指空调、地暖、电热水器的控制开关上带有感温元器件，设在卫生间外，会影响使用；卫生间较大、灯具较多时，灯、浴霸开关设在卫生间外也不够人性化。

5 国家标准《建筑物电气装置　第7-701部分：特殊装置或场所的要求装有浴盆或淋浴盆的场所》GB 16895.13—2012 中没有规定插座的高度。固定式电气设备在此处指卫生间内平时不移动的家用电气设备，如洗衣机、小型容积式电热水器、电子坐便器等。

5.4.17 本条规定了配电线路敷设方式、敷设用导管或槽盒的材料等防火要求，电线电缆的绝缘护套等其他要求尚应符合现行国家及本市相关规范和标准的规定。

1 上海市工程建设规范《低压用户电气装置规程》DGJ 08—100—2017 第5.2.6条"建筑物顶棚、吊平顶、保暖层、装饰面板、水泥石灰粉饰层内严禁采用明线直接敷设，导线必须采用钢导管、绝缘导管或线槽敷设。"作业标准《住宅室内装饰装修设计规范》JGJ 367—2015 第10.3.5条也有类似要求。

2 本款旨在明确塑料导管、槽盒的阻燃、抗机械损伤性能，即应采用符合国家标准《电缆管理用导管系统　第1部分：通用要求》GB/T 20041.1—2015 中非火焰蔓延型、中等机械应力以上的硬塑料导管；应采用符合国家标准《电气安装用电缆槽管系统　第1部分：通用要求》GB/T 19215.1—2003 中非火焰蔓延型塑料槽盒。

3 本款出自国家标准《建筑设计防火规范》GB 50016—2014(2018年版)第6.7.11条。电线因使用年限长、绝缘老化或过负荷运行发热等均能引发火灾，因此不应在可燃保温材料中直接敷设，而需采取穿金属导管保护防火措施。同时，开关、插座等电器配件也可能会因为过载、短路等引发火灾，因此，规定安装开关、插座等等电器配件的周围应采取可靠的防火措施，不应直接安装在难燃或可燃的保温材料中。

4 本款出自国家标准《建筑设计防火规范》GB 50016—2014(2018年版)第10.2.3条。过去发生在有可燃物的闷顶或吊顶内的电气火灾，大多数因未采取金属导管保护，电线使用年限长、绝缘老化，产生漏电着火或电线过负荷运行发热着火等情况而引起。增加适应装配式装修技术隔墙、架空地板内配电线路敷设的要求。

电线电缆的绝缘护套等其他要求尚应符合现行国家标准、上海市工程建设规范的相关规定。

配电箱、灯具、开关、插座等电气设备安装的防火要求，详见国家标准《建筑设计防火规范》GB 50016—2014 第 10.2.4 条、《建筑内部装修设计防火规范》GB 50222—2017 第 4.0.16 条～第 4.0.19 条、《建筑照明设计标准》GB 50034—2013 第 3.3.5 条。

5.5 智能化

5.5.2 住户信息箱的安装位置，不应受振动、潮湿、油烟、灰尘等影响电气设备正常工作及电气安全性；不应削弱防火、隔声措施及结构安全性。住户配电箱、住户信息箱等尺寸较大、进出管线较多的电气设备，不宜嵌入安装在混凝土预制构件上，当安装在预制构件上时，应在不削弱构件性能的情况下预留安装条件。

住宅室内装修设计必须与建筑设计相互衔接协同或同步进行，以避免上述问题。

5.5.3 住户信息箱、住户配电箱、智能家居控制箱附近均为管线密集的区域，特别是采用叠合板的装配式混凝土结构建筑，叠合板现浇层中暗敷强弱电管线过于密集，造成管线无法穿过钢筋网、管线及钢筋的混凝土保护层厚度不够等质量问题。故住宅套内信息箱与配电箱、智能家居控制箱不宜贴邻或垂直叠放。

住户信息箱、配电箱与智能家居控制箱贴邻或垂直叠放安装时，包括采用“强弱电一体化箱”，极易造成强弱电管线在极小区域交叉重叠，影响混凝土浇筑质量。因而上述箱体必须紧邻或垂直叠放安装时，应保证结构安全性、电气管线敷设可行性和建筑施工质量。

住户信息箱、住户配电箱、智能家居控制箱及其管线采用“管线分离”技术等措施，或暗敷管线敷设可行且满足施工质量要求时，可贴邻或垂直叠放。

5.5.4 现行上海市工程建设规范《住宅设计标准》DGJ 08—20 中套内信息插座、有线电视插座的相关要求，高于国家、行业标准。开发商长期持有的住宅类租赁住房，套内信息插座、有线电视插座的设置在满足住户使用要求的情况下，可执行现行国家标准《住宅设计规范》GB 50096、现行行业标准《住宅建筑电气设计规范》JGJ 242 等的相关要求。

5.5.5 本条在于强调视频安防监控系统、出入口控制系统、入侵报警系统等安全防范系统设计的最主要依据。上海市地方标准《住宅小区智能安全技术防范系统要求》DB31/T 294—2018 取消了原标准中对全装修住宅的特殊要求。

5.5.6 应根据住宅产品的使用对象，配置合理的智能家居系统。在技术条件成熟时，可选择集成化程度高、无线组网方式的智能家居系统系统。

5.5.7 无接触出入口控制系统、电梯控制系统实现电梯、门禁、摄像头、蓝牙等设备的统一接入管理及多子系统联动，用户可以通过人脸识别、手掌静脉识别、手机 App、微信小程序、手机蓝牙、蓝牙卡、二维码、语音控制等方式，实现无接触智能出入口控制、无接触乘梯（自动点亮电梯外呼和选择目的楼层），从而避免与传统出入口控制系统识读设备、电梯按钮直接接触，降低细菌病毒感染风险。

6 室内环境

6.0.3 排水管道水流噪声较大时对居民休息、睡眠有不良影响，应控制噪声值在规范允许范围内，防噪声措施包括采用低噪声管材，管道井采用隔声效果好的墙体，管道井内侧铺贴可吸收排水噪声并减少声音反射的软性材料等。

6.0.5 住宅室内装修设计的建筑照度标准值宜符合表 2 的要求。

表 2 居住建筑照度标准值

<table>
<tr><th colspan="2">房间或场所</th><th>参考平面及其高度</th><th>照度标准值(lx)</th><th>Ra</th></tr>
<tr><td rowspan="2">起居室</td><td>一般活动</td><td rowspan="2">0.75 m 水平面</td><td>100</td><td rowspan="2">80</td></tr>
<tr><td>书写、阅读</td><td>300*</td></tr>
<tr><td rowspan="2">卧室</td><td>一般活动</td><td rowspan="2">0.75 m 水平面</td><td>75</td><td rowspan="2">80</td></tr>
<tr><td>床头、阅读</td><td>150*</td></tr>
</table>

注：* 宜用混合照明。

6.0.8 如果无外窗的卫生间不采用机械通风，仅设置自然通风的竖向通气道时，通风将主要依靠室内外空气温差形成的热压，室外气温越低热压越大。但在室内气温低于室外气温的季节（如夏季），就不能形成自然通风所需的作用力，因此要求设置机械通风设施（一般为排气扇）。

7 防火

7.0.2 本条文各部位选用材料的燃烧性能等级依据现行国家标准《建筑内部装修设计防火规范》GB 50222 的相关要求。

7.0.6 为保障用户生命财产安全，应根据不同的气源设置燃气报警器，燃气紧急切断阀与燃气报警器联动，可安装于进户手动阀门与燃气计量表之间。系统的设计应符合国家标准《火灾自动报警系统设计规范》GB 50116—2013 第 7.3.2 条和第 8 章以及现行行业标准《家用燃气报警器及传感器》CJ/T 347、《城镇燃气报警控制系统技术规程》CJJ/T 146 和《电磁式燃气紧急切断阀》CJ/T 394 等的要求执行。